Charles Galopin-Schaub



# Théorie

des

# approximations numériques

## Notions de calcul approximatif

Elibron Classics
www.elibron.com

Elibron Classics series.



ISBN 0-543-72737-8 (paperback)
ISBN 0-543-72736-X (hardcover)

This Elibron Classics Replica Edition is an unabridged facsimile of the edition published in 1884 by H. Georg, Genève.

# THÉORIE

DES

# APPROXIMATIONS NUMÉRIQUES

## NOTIONS

DE

## CALCUL APPROXIMATIF

PAR

CH. GALOPIN-SCHAUB

DOCTEUR ÈS-SCIENCES MATHÉMATIQUES
(de la Faculté de Paris)

GENÈVE

H. GEORG, LIBRAIRE-ÉDITEUR

PARIS, GAUTHIER-VILLARS, GRANDS-AUGUSTINS, 55

1884

GENÈVE, IMPRIMERIE CHARLES SCHUCHARDT

# AVANT-PROPOS

Pendant une assez longue pratique de l'enseignement, nous avons pu nous convaincre que la plupart des jeunes gens, même avec une instruction mathématique assez complète, peuvent encore commettre les fautes les plus étranges dès qu'il s'agit de nombres approchés. La théorie des approximations numériques les rebute et, s'ils l'ont apprise, ils se hâtent de la mettre en oubli. C'est pourquoi, en livrant à la publicité les pages qui suivent, nous avons cru faire une œuvre utile aux étudiants en sciences qui se préparent pour les écoles spéciales ou le baccalauréat, ainsi qu'à toutes les personnes qui sont appelées par la nature de leurs travaux à des calculs numériques compliqués. Nous n'avons point eu la prétention de traiter le sujet plus complètement ou avec plus de rigueur scientifique que nos devanciers, mais nous avons cherché à présenter quelques règles claires et facilement applicables, dans un ordre logique, avec des exemples à l'appui lorsque cela semblait avantageux.

Cet essai reproduit du reste, à peu de chose près, la première partie d'un cours que nous avons donné comme privat-docent à l'Université de Genève, dans l'année 1877—1878, cours dont on trouvera plus loin le programme complet.

# THÉORIE

DES

# APPROXIMATIONS NUMÉRIQUES

## PRÉLIMINAIRES

Nous désignerons ici :

Par $n.e$ la valeur exacte d'un nombre.
Par $n.a$ la valeur approchée.
Par $e.a$ l'erreur absolue.
Par $e.r$ l'erreur relative.

De là les relations :

$$n.e = n.a + e.a \quad \text{et} \quad e.r = \frac{e.a}{n.e}$$

Si $e.a < \delta$ on en conclut $e.r < \frac{\delta}{n.e}$ et *a fortiori*, $e.r < \frac{\delta}{n.a}$

Lorsque l'erreur absolue est négative, la valeur $n.a$ est approchée par excès et non plus par défaut. On aura cependant encore $e.r < \frac{\delta}{n.a}$ si les erreurs sont assez petites pour qu'on néglige leurs puissances, car

$$\frac{\delta}{n.e} = \delta\,(n.a - e.a)^{-1} = \delta\left(\frac{1}{n.a} + \ldots\right)$$

*Remarque.* L'erreur d'un nombre approché n'est jamais connue, mais la rapidité du langage autorise à dire, par exemple, une erreur d'un millième, pour indiquer une erreur moindre qu'un millième.

### Théorèmes généraux sur les erreurs.

1er THÉORÈME. Lorsqu'on s'arrête dans un nombre à un certain chiffre décimal (ou de la partie entière), l'erreur relative est moindre que l'unité divisée par le nombre conservé (abstraction faite de la virgule).

En effet si $e.a < \frac{1}{10^p}$ on aura $e.r < \frac{1}{10^p.n.a}$

2me THÉORÈME. Lorsque l'erreur relative est moindre que $\frac{1}{m}$, l'erreur absolue est plus petite que $\frac{1}{m-1}$ de la valeur approchée.

En effet, si $e.r < \frac{1}{m}$, on en déduit :

$$e.a < \frac{n.e}{m} \quad \text{ou} \quad n.e - n.a < \frac{n.e}{m},$$

d'où $n.e < n.a \left(\frac{m}{m-1}\right)$ et enfin $e.a < \frac{n.a}{m-1}$

3me THÉORÈME. Lorsque l'erreur relative (par défaut) est moindre que $\frac{1}{m}$, on peut s'arrêter dans le nombre à un chiffre tel que ce nombre (abstraction faite de la virgule) soit égal ou inférieur à $m - 1$. Toutefois il convient de forcer le dernier chiffre et l'erreur du résultat sera de sens inconnu.

En effet, la valeur approchée étant égale ou inférieure à $m - 1$, unités d'un certain ordre, l'erreur absolue sera par le 2$^{me}$ théorème, inférieure à une unité de cet ordre.

De plus les chiffres que l'on néglige occasionnent une seconde erreur moindre qu'une unité du même ordre; l'erreur du résultat est donc inférieure à deux unités de cet ordre, et c'est pour cela qu'il convient de forcer le dernier chiffre [1].

*Corollaire.* Lorsque l'erreur relative est moindre que $\frac{1}{10^n}$ on peut prendre $n$ chiffres du nombre, mais en forçant le dernier.

4$^{me}$ THÉORÈME. Si on veut rendre l'erreur re-

[1] De ce que l'erreur absolue est moindre qu'une unité d'un certain ordre, il ne résulte pas que les chiffres soient exacts jusqu'à cet ordre. Par exemple, si à 3,8962 on substitue 3,8954, l'erreur est plus petite que 0,001, et cependant le chiffre des millièmes n'est plus exact, à moins qu'on ne le force comme il a été dit.

lative moindre que $\frac{1}{m}$, il faut prendre assez de chiffres pour que le nombre égale ou surpasse $m$.

Cela résulte immédiatement du 1er théorème.

*Corollaire.* Pour que l'erreur relative soit moindre que $\frac{1}{10^n}$, il faut prendre $n + 1$ chiffres.

*Remarque* sur les théorèmes 3 et 4. Dans un nombre où l'on *sait* que l'erreur relative est inférieure à 0,001, on peut prendre 3 chiffres, en forçant le dernier; mais si l'on *veut* que l'erreur relative soit inférieure à 0,001, il faut en prendre 4.

## OPÉRATIONS

Lorsqu'un résultat est demandé avec $n$ chiffres exacts, il en résulte que l'erreur relative sera inférieure à $\frac{1}{10^{n-1}}$ (théorème 1er); quant à l'erreur absolue par défaut, il faut, pour l'évaluer d'avance, calculer combien de chiffres aura la partie entière.

## ADDITION

L'erreur absolue du résultat est la somme de celles des addendes.

En effet soient

A, A′, A″ .... les valeurs exactes des addendes.

$a$, $a'$, $a''$ .... les valeurs approchées par défaut.

et $\alpha$, $\alpha'$, $\alpha''$ .... les erreurs, on aura :

$$A = a + \alpha, \ A' = a' + \alpha', \ A'' = a'' + \alpha'' \ldots.$$

et pár suite :

$$A + A' + A'' \ldots. = a + a' + a'' \ldots. + \\ + (\alpha + \alpha' + \alpha'' \ldots.)$$

Ainsi l'erreur du résultat, par défaut, est

$$\alpha + \alpha' + \alpha'' \ldots. = E;$$

mais si l'on sait que

$$\alpha < e, \ \alpha' < e', \text{ etc.}$$

on aura :

$$E < e + e' + e'' \ldots.$$

lorsque toutes les erreurs sont égales, $E < n\,e$.

Si certains addendes sont approchés par excès, quelques-unes des quantités $\alpha$, $\alpha'$ .... sont négatives ; on aurait, par exemple :

$$E = \alpha + \alpha' + \alpha'' \ldots. - (\alpha_1 + \alpha_2 \ldots.),$$

et d'ailleurs

$$\alpha < e, \ \alpha' < e', \ \alpha_1 < e_1 \ldots.;$$

faisons donc

$$e + e' + e'' \ldots. = \varepsilon \quad \text{et} \quad e_1 + e_2 \ldots. = \eta;$$

l'erreur E sera moindre que la plus grande des quantités $\varepsilon$ et $\eta$, mais on ignore son sens ; l'intervalle des deux limites qui comprennent le résultat sera $\varepsilon + \eta$.

Si pour certains addendes on ignore le sens de l'erreur, on aurait

$$E = \alpha + \alpha' + \alpha'' \ldots - (\alpha_1 + \alpha_2 \ldots) \pm (\beta + \beta' + \beta'' \ldots);$$

soit d'ailleurs $\zeta$ la somme des limites de $\beta$, $\beta'$, $\beta''$ .... ; E sera moindre que la plus grande des quantités $\varepsilon + \zeta$ et $\eta + \zeta$ ; son signe sera toujours inconnu et l'intervalle des deux limites qui comprennent le résultat sera $\varepsilon + \eta + 2\zeta$.

Par exemple, s'il y a huit addendes, donnés tous à 0,001 près, pour trois d'entre eux par défaut, pour trois autres par excès, et pour les deux derniers dans un sens inconnu, l'erreur du résultat sera moindre que 0,005, et l'intervalle des limites 0,01. Si cinq des addendes étaient donnés en défaut et trois en excès, l'erreur du résultat serait toujours inférieure à 0,005, mais l'intervalle des limites ne serait plus que 0,008.

L'erreur relative du résultat est moindre que la plus grande erreur relative des addendes, car si l'on ajoute terme à terme les fractions

$$\frac{\alpha}{A}, \frac{\alpha'}{A'}, \frac{\alpha''}{A''} \ldots\ldots$$

qui sont les erreurs relatives, on obtient une fraction moindre que la plus grande d'entre elles.

*Question inverse*, soit détermination de l'approximation des addendes d'après celle du résultat. Quand on fixe le nombre de chiffres du résultat, on en déduira l'erreur absolue; si c'est l'erreur relative qui est donnée, on en déduit le nombre des chiffres d'après le 4me théorème ci-dessus, et par suite l'erreur absolue.

Soit, par exemple, à évaluer

$$13\pi + 2\sqrt{1000} + \frac{2}{7} + \sqrt[3]{4}$$

avec 5 chiffres exacts. Le résultat étant compris entre 102 et 119, il faut l'obtenir à 0,01 près et pour cela, si l'on n'emploie que des approximations décimales on devra évaluer chaque addende à 0,001 près, et par défaut.

Cela donne :

$$40{,}840 + 63{,}245 + 0{,}285 + 1{,}588 = 105{,}958$$

L'erreur absolue du résultat étant inférieure à

0,004, il sera compris entre 105,958 et 105,962; on peut donc prendre 105,96 comme exact à 0,01 près, mais dans un sens inconnu, et si l'on voulait obtenir le résultat par défaut avec 5 chiffres exacts, il aurait fallu prendre une décimale de plus dans les addendes.

Comme indication générale de la marche à suivre dans les approximations décimales, on peut formuler la règle suivante : *Évaluez chaque addende avec une approximation décuple de celle du résultat s'il y a de 2 à 10 addendes, centuple s'il y en a de 11 à 100, etc.*

Toutefois, lorsqu'il n'est pas nécessaire de savoir le sens de l'erreur dans le résultat on pourra, pour deux addendes, les évaluer avec la même approximation que celle qui est demandée, et forcer la somme

$$(7,4\ldots. + 8,9\ldots. = 16,4 \text{ à } 0,1 \text{ près}),$$

ou encore forcer les addendes qui doivent l'être et ne pas forcer la somme

$$(7,48\ldots + 8,91\ldots = 7,5 + 8,9 = 16,4 \text{ à } 0,1 \text{ près}).$$

De même lorsqu'il y a 11 à 20 addendes, on peut les évaluer avec une approximation décuple du résultat.

La règle formulée ci-dessus ne dispense pas de calculer *dans chaque cas particulier* les limites qui comprennent le résultat; autrement on est exposé à des appréciations inexactes. Ainsi, dans l'exemple d'addition plus haut, la somme 105,958 est exacte à moins de 0,01 près; il n'en résulte pas que l'on puisse prendre pour résultat 105,95, ce qui indiquerait un nombre compris entre 105,94 et 105,96, tandis qu'en réalité le résultat est compris entre 105,958 et 105,962. Cette remarque s'applique du reste à toutes les opérations.

## SOUSTRACTION

Lorsque les deux nombres sont rapprochés dans le même sens, l'erreur absolue du résultat est d'un sens inconnu, et numériquement moindre que la plus grande des deux erreurs.

En effet soient

$$A = a + \alpha, \quad A' = a' + \alpha',$$

d'où

$$A - A' = a - a' + (\alpha - \alpha');$$

l'erreur du résultat est $E = \alpha - \alpha'$; or on donne $\alpha < e$, $\alpha < e'$, et on ne sait si $\alpha < \alpha'$ ou $\alpha > \alpha'$; donc le signe de E est inconnu; mais on aura numériquement $E < e$ si $e > e'$, et $E < e'$ si $e' > e$. L'intervalle des deux limites qui comprennent le résultat sera $e + e'$.

Lorsque les deux nombres sont approchés en sens contraire, l'erreur du résultat a le même sens que celle du minuende ou nombre le plus grand, et vaut la somme des deux erreurs. Car dans ce cas, $E = \alpha - (-\alpha') = \alpha + \alpha'$, d'où $E < e + e'$. On peut dans la pratique ramener l'erreur résultante à une expression plus simple, pourvu qu'on n'exige pas d'en connaître le sens : si l'on a obtenu 7,89345 par défaut avec une erreur moindre que 0,001 + 0,00001, le résultat sera compris entre 7,89345 et 7,89446, soit entre 7,893 et 7,895; ce sera donc 7,894 à 0,001 près par défaut ou par excès. On s'arrête donc au chiffre indiqué par la plus importante des deux erreurs, et l'on force le dernier chiffre conservé.

Lorsqu'un des deux nombres est exact, l'erreur du résultat est la même que celle de l'autre noml'erreur absolue E du résultat: $E = a\beta + b\alpha$; donc si $\alpha < e$, $\beta < e'$, on aura $E < ae' + be$.

Quand les deux produits $ae'$, $be$ ne sont pas sensiblement égaux, on peut prendre pour mesure de l'erreur le plus grand d'entre eux, pourvu qu'on remplace le nombre $a$ ou $b$ qui y entre par une unité de l'ordre supérieur à son premier chiffre significatif. Par exemple, dans la multiplication de 45,8729.... par 3,456397.... l'erreur du résultat sera moindre que 0,0000458.... + 0,000345...., c'est-à-dire moindre que 0,0004; on aurait pu dire qu'elle est inférieure à $10 \times 0{,}0001$ soit à 0,001.

Lorsque les deux facteurs sont approchés en sens contraire, l'erreur absolue sera la différence entre les produits de chaque facteur par l'erreur de l'autre ; on ne peut plus dire que $E < ae' - be$ et l'on ignore le sens de E, mais on peut encore prendre pour mesure de l'erreur le plus grand des produits $ae'$, $be$ de la même manière que ci-dessus.

*L'erreur relative* du produit vaut la somme ou la différence des deux erreurs relatives suivant que les facteurs sont approchés dans le même sens ou en sens contraire. En effet :

$$\frac{a\beta + b\alpha}{AB} = \frac{\beta}{B} \cdot \frac{A - \alpha}{A} + \frac{\alpha}{A} \cdot \frac{B - \beta}{B} =$$

$$= \frac{\alpha}{A}\left(1 - \frac{\beta}{B}\right) + \frac{\beta}{B}\left(1 - \frac{\alpha}{A}\right);$$

donc en négligeant $\frac{\alpha}{A} \cdot \frac{\beta}{B}$, l'erreur relative sera $\frac{\alpha}{A} + \frac{\beta}{B}$. Si $\beta$, par exemple, est négatif, on trouve $\frac{\alpha}{A} - \frac{\beta}{B}$. Mais dans tous les cas on pourra dire que l'erreur relative est inférieure à $\frac{e}{A} + \frac{e'}{B}$ [1].

*Multiplication abrégée.* Rappelons d'abord la règle à suivre pour multiplier deux nombres exacts,

[1] Si toutefois le produit de deux erreurs n'est pas négligeable, on trouvera, en reprenant pour l'erreur absolue l'expression complète $a\beta + b\alpha + \alpha\beta$, que si les deux facteurs sont par défaut, l'erreur relative du produit est plus petite que la somme des deux erreurs relatives, et qu'elle est plus grande s'ils sont par excès; mais elle tend toujours vers cette somme à mesure que $\alpha$ et $\beta$ diminuent. De même, avec deux facteurs en sens contraire, l'erreur relative du produit pourra être plus petite ou plus grande que la différence des deux erreurs relatives, et tendra toujours vers cette différence.

lorsqu'on veut obtenir le produit avec une certaine approximation décimale.

1° On place sous le multiplicande le multiplicateur renversé, le chiffre des unités de ce dernier étant de deux places plus à droite que le chiffre du multiplicande qui correspond à l'approximation demandée;

2° On commence chaque produit partiel par le chiffre du multiplicande qui est au-dessus du chiffre par lequel on multiplie, et on écrit les produits partiels les uns au-dessous des autres sans les reculer;

3° On sépare dans le produit deux décimales de plus que l'on n'en demande, puis l'on efface les deux derniers chiffres et l'on force le précédent.

Par exemple, si l'on veut le produit de 0,0056389 par 42,56 à 0,01 près, l'opération sera disposée comme suit :

```
0,0056389
    6524
  ------
    2252
     112
      25
  ------
    2389  ce qui donne 0,24.
```

Les erreurs commises dans les divers produits partiels étant, en effet, inférieures à 0,0004 + 0,0002 + 0,0005 + 0,0006, soit ensemble à 0,0017, le résultat sera compris entre 0,2389 et 0,2406, de sorte que 0,24 sera bien exact à 0,01 près, mais dans un sens inconnu.

On pourrait, dans la plupart des cas, ne pousser le multiplicateur que d'une place à droite, et non de deux, à condition de tenir compte des retenues pour écrire le premier chiffre à droite de chaque produit partiel. Il faut aussi remarquer que si on échange les deux facteurs de la multiplication, l'erreur reste du même ordre.

Quand on veut appliquer la multiplication abrégée à des facteurs approchés, il faut se garder de croire qu'on puisse obtenir au résultat une approximation quelconque, en portant le multiplicateur de plus en plus vers la droite; l'erreur du résultat dépend en effet de celles des facteurs. Ainsi dans le produit de 46,8527... par 0,34962... l'erreur absolue du résultat sera inférieure à 0,00047 + 0,0001 soit à 0,001; on ne peut donc obtenir le produit avec plus d'exactitude qu'à un millième près, comme dans le deuxième des trois types de calcul que nous donnons pour cet exemple:

| **1er type** à un dixième près. | **2me type** à un millième près. |
|---|---|
| 46,8527 | 46,8527 |
| 26943 | 26943 |
| 14055 | 1405581 |
| 1872 | 187408 |
| 414 | 42165 |
| 24 | 2808 |
| | 92 |
| 16,365 | 16,38054 |
| 16,4 | 16,381 |
| Erreur : 0,024 + 0,00047 soit 0,02447 | Erreur : 0,00024 + 0,00047 soit 0,00071 |

**3me type (illusoire)**
à un cent-millième près.

46,8527
26943
140558100
18741080
4216743
281112
9370
16,3806405
16,38065 (faux)

Erreur : 0,0000357 + 0,00047
soit 0,0005057

L'erreur est donc composée de deux parties : l'une variable (0,00047), l'autre dépendant de la position du multiplicateur, et qui diminue à mesure qu'on le porte plus à droite : en passant du 2$^{me}$ au 3$^{me}$ type l'erreur totale a diminué, mais elle est restée du même ordre à cause de sa partie constante, de sorte que les dernières décimales se trouvent illusoires. En général, dès que le multiplicateur renversé dépasse à droite le multiplicande, la partie variable de l'erreur ne deviendra pas dix fois plus petite quand on avance le multiplicateur d'une place vers la droite, et comme il y a en outre la partie constante, le procédé de la multiplication abrégée cesse bientôt d'être applicable.

On peut donner pour l'évaluation de l'erreur dans la multiplication abrégée une règle algébrique, en représentant chaque chiffre des deux facteurs par une lettre, comme suit :

Soit le multiplicande

$$a \quad b \quad c \quad d \quad e \quad f \ldots\ldots\ldots\ldots\ldots\ldots \text{ et}$$
$$\ldots\ldots d' \quad c' \quad b' \quad a' \quad a'' \quad b'' \quad c'' \quad d'' \ldots\ldots$$

le multiplicateur, renversé, placé au-dessous.

La partie invariable de l'erreur vaut $a + 1$

unités de l'ordre obtenu en multipliant une unité de l'ordre le plus haut du multiplicande par une unité de l'ordre le plus bas du multiplicateur. La partie variable sera

$$a' + b' + c' + d' \ldots + 10a'' + 100b'' + 1000c'' \ldots$$

unités de l'ordre marqué par celui des chiffres du multiplicande sous lequel se trouvent les unités simples du multiplicateur.

Lorsque le multiplicateur est exact, la partie $a + 1$ disparaît; si c'est le multiplicande, ce sera $a' + 10a'' + 100b'' + \ldots.$; ainsi quand les deux facteurs sont exacts, il ne reste que $b' + c' + d' + \ldots.$ et l'on peut dans ce cas remplacer la somme des chiffres qui dépasseraient le multiplicande à gauche par $a + 1$.

*Question inverse.* Elle est indéterminée puisqu'il faut, en appelant E l'erreur du résultat, résoudre l'inégalité $a\beta + b\alpha < E$, dans laquelle $\beta$ et $\alpha$ sont inconnus. On pourrait supposer les erreurs égales pour les deux facteurs, ou dans un rapport donné, par exemple $\beta = 2\alpha$. Lorsqu'une des erreurs $\alpha$ et $\beta$ est donnée, la question n'est pas toujours résoluble, car si $b\alpha$ surpasse déjà E, on ne saurait trouver $\beta$. En voici un exemple. Le multiplicande étant 13,8624, exact à 0,0001 près, jusqu'où faut-il pousser le multiplicateur 839,726459382.... pour que le produit soit exact à 0,001 près? Ici $b < 840$, $a < 14$, $\alpha < 0,0001$, $b\alpha < 0,084$; ainsi $b\alpha$ peut surpasser E.

Quand il s'agit des erreurs relatives, on peut toujours donner celle d'un facteur, pourvu qu'elle soit moindre que celle du produit. Exemple: Le multiplicande étant 49,5967.... et offrant par conséquent une erreur relative moindre que $\frac{1}{400,000}$, jusqu'où faut-il pousser le multiplicateur 8,123459.... pour que l'erreur relative du produit soit inférieure à 0,001? Il suffit de prendre 8,123, ce qui donne une erreur relative moindre que $\frac{1}{8000}$, de sorte que les erreurs relatives des deux facteurs ensemble font moins que 0,001. Comme il faut obtenir le produit avec 4 chiffres, on peut employer la multiplication abrégée, et l'on trouve 402,9, l'erreur étant de sens inconnu.

Ces questions se simplifient beaucoup quand un des facteurs est exact. Ainsi pour calculer $21892\pi$

à 0,001 près, il faudra prendre $\pi$ avec 8 décimales, afin que son erreur multipliée par 21892 reste inférieure à 0,001 ; il faut donc multiplier 3,14159265 par 21892, et on peut le faire par la multiplication abrégée.

*Produits de plusieurs facteurs.* L'erreur absolue s'obtient en multipliant tous les facteurs, sauf un, par l'erreur de ce dernier, et ajoutant ces résultats.

En effet si

$$A = a + \alpha, \quad B = b + \beta, \quad C = c + \gamma,$$

on aura

$$ABC = abc + ab\gamma + ac\beta + bc\alpha$$

en négligeant les produits des erreurs $\alpha$, $\beta$, $\gamma$; donc l'erreur définitive est $ab\gamma + ac\beta + bc\alpha$.

Lorsque les résultats qu'on additionne pour trouver l'erreur sont d'ordre différent, il peut suffire de considérer le plus grand. Par exemple, dans le produit: $72,4\ldots \times 9,33\ldots \times 0,00016347\ldots$ l'erreur se calculera en remplaçant les trois facteurs par les nombres plus grands 80, 10, 0,0002 et sera exprimée par $0,000008 + 0,00016 +$

0,0002; donc elle est moindre que 0,001. Le produit de 72,4 par 9,33 étant 675,492 exact à 2 unités près, ou 675 exact à 3 unités près, on pourra employer la multiplication abrégée pour le produit de 675 par le dernier facteur, comme suit :

$$\begin{array}{r} 0{,}00016347 \\ 576 \\ \hline 9804 \\ 1141 \\ 80 \\ \hline 11025 \\ \text{soit } 0{,}111 \end{array}$$

Dans l'évaluation de la partie invariable de l'erreur, il faut tenir compte de ce que 675 n'est exact qu'à 3 unités près; on trouvera donc pour l'erreur totale : $3 \times 0{,}0002 + (6+7+5)0{,}00001$; elle est donc moindre que 0,00078; ainsi 0,111 est bien exact à 0,001 près, par défaut ou par excès.

Pour un produit de plusieurs facteurs, supposés tous par défaut, l'erreur relative est moindre que la somme de celles des facteurs, car on l'a démontré pour deux facteurs et, par suite, cela sera vrai pour trois, quatre, etc. Ce théorème peut servir à vérifier la justesse de l'exemple précédent. Les erreurs relatives des trois facteurs étant moindres que $\frac{1}{700}$, $\frac{1}{900}$, $\frac{1}{10000}$, celle du produit sera moindre que la somme $\frac{1663}{630000}$ ou *a fortiori* moindre que $\frac{1}{300}$, ce qui permet, d'après le 3$^{me}$ théorème général d'obtenir le produit avec 3 chiffres exacts[1].

Réciproquement, si on veut obtenir un produit de plusieurs facteurs avec 4 chiffres exacts, l'erreur relative de ce produit devra pour cela être inférieure à $\frac{1}{10000}$ (3$^{me}$ théorème) ou, si l'on connaît le premier chiffre du produit, par exemple 7, inférieure à $\frac{1}{8000}$; dans ce cas s'il y a 5 facteurs,

[1] Si les facteurs sont tous approchés par excès, l'erreur relative du produit est réellement plus grande que la somme des erreurs relatives des facteurs, d'après ce qui a été démontré pour deux facteurs. Mais toutes les fois que les erreurs sont assez petites pour qu'on néglige leurs puissances, l'erreur relative d'un produit de facteurs quelconques sera sensiblement égale à la somme des erreurs relatives.

non compris les facteurs exacts, il suffira que dans chacun l'erreur relative soit moindre que $\frac{1}{40000}$, de sorte qu'il faudra prendre 5 chiffres dans ceux qui commencent par 4 ou un chiffre plus grand, 6 chiffres dans les autres. Pour les produits intermédiaires, on devra souvent les calculer avec un plus grand nombre de chiffres, surtout si l'on emploie la multiplication abrégée, qui augmente les erreurs.

---

## DIVISION

Lorsque le dividende seul est inexact, l'erreur absolue du quotient égale celle du dividende, divisée par le diviseur. Car si $A = a + \alpha$, $B = b$, on aura $\frac{A}{B} = \frac{a}{b} + \frac{\alpha}{b}$. L'erreur relative sera la même que pour le dividende, puisque

$$\frac{\alpha}{b} : \frac{A}{B} = \frac{\alpha}{A}.$$

Lorsque le diviseur est seul inexact, l'erreur absolue du quotient égale celle du diviseur, multipliée par le dividende et divisée par le carré du diviseur; en outre elle est de sens contraire à celle du diviseur. En effet si $A = a$, $B = b + \beta$, on aura $\frac{A}{B} - \frac{a}{b} = \frac{a}{b+\beta} - \frac{a}{b} = \frac{-a\beta}{(b+\beta)b}$ et en négligeant le produit $b\beta$ comparativement à $b^2$, on trouve pour l'erreur $\frac{-a\beta}{b^2}$. L'erreur relative égale celle du diviseur, en sens contraire, car $\frac{-a\beta}{b^2}$ divisé par $\frac{A}{B}$ donne $\frac{-\beta B}{b^2}$, ou $\frac{-\beta B}{(B-\beta)^2}$ ce qui en négligeant les puissances des erreurs revient à $\frac{-\beta}{B}$.

Lorsque les deux nombres sont inexacts, dans le même sens, l'erreur absolue du quotient sera la plus grande des erreurs des deux cas précédents, et son sens sera inconnu; de même pour l'erreur relative.

Lorsque les deux facteurs sont inexacts, en sens contraire, l'erreur absolue du quotient est de même sens qu'au dividende, et égale à la somme numérique des deux erreurs ; de même pour l'erreur relative.

Une application fréquente de ces règles se trouve lorsqu'on veut réduire en décimale une fraction ordinaire dont les deux termes sont exacts à une unité près, et qu'on demande le nombre de décimales exactes qu'il est possible d'obtenir. Il y aura différents cas suivant que les deux termes sont approchés par défaut, par excès, ou dans un sens inconnu. Par exemple, s'il s'agit de $\frac{53}{2191}$, l'erreur des deux termes étant de sens inconnu, l'erreur du quotient sera au plus $\frac{1}{2191} + \frac{53}{(2191)^2}$ soit $\frac{2244}{(2191)^2}$ ; elle est donc moindre que 0,001 ; ainsi l'on ne pourra obtenir que 3 décimales exactes.

*Division abrégée.* Voici la règle à suivre pour obtenir avec $m$ chiffres exacts, le quotient de deux nombres décimaux [1].

[1] Cette règle est empruntée aux *Éléments de calcul approximatif* de M. Ch. Ruchonnet, qui l'aurait puisée dans

1° On prend à la gauche du diviseur assez de chiffres pour que le nombre formé ne soit pas inférieur à $9m$ ; ce sera le dernier diviseur.

2° On compte encore $m - 1$ chiffres à la suite du dernier diviseur, et on aura le premier diviseur.

3° On prend à gauche du dividende assez de chiffres pour contenir le premier diviseur, moins de dix fois : ce sera le premier dividende.

4° On opère la division en biffant chaque fois le dernier chiffre du diviseur, au lieu de descendre un chiffre au dividende. L'opération sera terminée quand on aura divisé par le dernier diviseur, et on mettra la virgule au quotient d'après les places qu'elle occupe au dividende et au diviseur. Le sens de l'erreur sera inconnu.

Par exemple, soit à diviser 78,9314256.... par 6,349218.... à 0,01 près, c'est-à-dire avec 4 chiffres. Voici le tableau de l'opération :

| | |
|---|---|
| 78,931\|4256 | 6,3\|492\|18 |
| 15439 | 12,43 |
| 2741 | |
| 205 | |
| 16 | |

l'arithmétique de Serret. Nous renvoyons à ces ouvrages pour une démonstration générale.

Calculons l'erreur du quotient. On a négligé, au dividende, le reste 0,0164256.....; il en résulte donc une erreur, par défaut, de $\frac{0,0164256\ldots}{6,349218\ldots}$, c'est-à-dire une erreur moindre que 0,01. Par contre les parties négligées du diviseur ont rendu trop grands les dividendes partiels successifs, de $10 \times 0,0001$, de $2 \times 0,001$, etc., d'où résulte une erreur par excès de

$$\frac{10\times 0,0001+2\times 0,001+0,4\times 0,01+0,03\times 0,1}{6,349218\ldots}$$

soit $\frac{0,01}{6,349218\ldots}$, c'est-à-dire moindre que 0,01. Donc l'erreur résultante du quotient 12,43 est inférieure à 0,01.

Si l'on avait fait la division complète de 78,9314256 par 6,349218, on aurait pu obtenir le quotient jusqu'à la 5me décimale; en effet l'erreur est alors exprimée par la plus grande des fractions $\frac{0,0000001}{6,349218}$ et $\frac{0,000001\times 78,9314256}{(6,349218)^2}$; c'est ici la seconde, laquelle est moindre que

$\frac{0,000001 \times 80}{6^2}$, c'est-à-dire moindre que 0.00001. La division abrégée permet aussi de trouver ce quotient avec 5 décimales.

*Question inverse*. Comme dans la multiplication, la détermination des approximations des deux nombres lorsqu'on connaît celle du résultat est indéterminée, s'il n'y a pas une donnée de plus. Demandons-nous, par exemple, jusqu'où il faudra prendre le dividende 78,9314256.... et le diviseur 6,349218.... pour obtenir le quotient à 0,001 près, en supposant que l'approximation doive être la même dans le dividende et le diviseur. Des deux erreurs représentées par $\frac{\alpha}{b}$ et $\frac{\beta a}{b^2}$ la seconde est la plus grande, puisque $\alpha = \beta$ et $a > b$ ; il suffira donc de poser $\frac{\beta a}{b^2} < 0,001$, d'où $\beta < 0,0001$; on n'aura donc qu'à prendre 4 décimales dans chaque nombre, c'est-à-dire diviser 78,9314 par 6,3492. Si l'on avait demandé que le diviseur eut 3 décimales de plus que le dividende, ce qui revient à supposer $\alpha = 1000\,\beta$, c'est l'erreur $\frac{\alpha}{b}$ qui est la plus grande, et on posera $\frac{\alpha}{b} < 0,001$ d'où $\alpha < 0,001$; il faudra donc diviser 78,931 par 6,349218.

Quand on indique l'erreur relative du quotient, on peut donner celle du dividende ou du diviseur, pourvu qu'elle soit inférieure à celle du quotient : il suffira de prendre pour l'autre nombre l'erreur relative du quotient lui-même. Ainsi, le dividende étant 37,8192.... et offrant par conséquent une erreur relative moindre $\frac{1}{300,000}$, jusqu'où faudra-t-il prendre le diviseur 8,7293154.... pour avoir le quotient avec une erreur relative inférieure à 0,001? Il suffira de prendre 8,729, ce qui donne une erreur relative moindre que 0,001.

Si en donnant l'erreur relative du quotient, on exigeait simplement que celle du diviseur fût plus petite que celle du dividende, on évaluerait le dividende avec la même erreur relative que le quotient, et le diviseur avec une erreur moindre. En effet, tant que le dividende et le diviseur sont approchés dans le même sens, l'erreur relative du quotient ne surpasse pas la plus grande de leurs erreurs relatives.

*Exemple.* Évaluer $\frac{\sqrt{31}}{2\pi}$ avec 7 chiffres exacts, soit à 0,0000001 près, le dividende et le diviseur devant être évalués avec un même degré d'approximation, à déterminer. La plus grande des erreurs $\frac{\alpha}{b}$, $\frac{\beta a}{b^2}$ est ici la première, puisque $\alpha = \beta$ et $a < b$; on posera donc $\frac{\alpha}{b} < 0,0000001$ d'où $\alpha < 0,0000001$ et par conséquent il faut évaluer les deux nombres avec 7 décimales; on aura: $\sqrt{31} = 5,5677643\ldots$; $2\pi = 6,2831852\ldots$ et le quotient donné par la division abrégée sera 0,8861372.... l'erreur étant de sens inconnu. Si on prend le diviseur par excès, c'est-à-dire $2\pi = 6,2831853$, on sera sûr d'avoir le quotient par défaut. On peut vérifier que 6 décimales ne suffiraient pas pour avoir l'approximation demandée au résultat.

# PUISSANCES

L'erreur absolue dans la $n^{\text{ième}}$ puissance d'un nombre vaut $n$ fois la $n - 1^{\text{ième}}$ puissance, multipliée par l'erreur du nombre. En effet

$$A^n = (a + \alpha)^n = a^n + na^{n-1}\alpha + \ldots.$$

de sorte qu'en négligeant les puissances de $\alpha$, on a pour l'erreur $E = A^n - a^n = na^{n-1}\alpha$.

Dans le cas particulier du carré, l'erreur vaudra celle du nombre multipliée par le double de ce nombre. Par exemple, si l'on veut calculer $(137{,}00452\ldots.)^2$, l'erreur du nombre étant moindre que 0,00001, celle du carré sera inférieure à $2 \times 0{,}00001 \times 137{,}004\ldots.$ soit à 0,0028 et l'on ne pourra obtenir que deux décimales exactes.

Inversément, si l'on veut évaluer 78,932568... avec assez de décimales pour que le carré soit exact à 0,01 près, on posera : $2 \times 78{,}9 \times \alpha < 0{,}01$ d'où $\alpha < \frac{0{,}01}{157}$; il faut donc prendre $\alpha < 0{,}00001$, c'est-à-dire 78,93256. En multipliant ce nombre par lui-même, à l'aide de la multiplication abrégée, on pourra obtenir son carré à 0,01 près.

L'erreur relative dans la $n^{\text{ième}}$ puissance est sensiblement égale à $n$ fois celle du nombre : en effet $\frac{na^{n-1}\alpha}{a^n} = n.\frac{\alpha}{a}$ [1]. Toutefois, d'après la note de la page 29 ce n'est que pour les nombres approchés par défaut, que l'erreur relative de la $n^{\text{ième}}$ puissance sera moindre que $n$ fois celle du nombre.

Dans le cas particulier du carré, l'erreur relative serait double de celle du nombre.

Le carré d'un nombre aura autant de chiffres significatifs exacts que le nombre, ou un de moins. Car en appelant N le nombre donné, abstraction faite de la virgule, l'erreur relative est inférieure a $\frac{1}{N}$ ; celle du carré sera inférieure à $\frac{2}{N}$ ou $\frac{1}{\frac{1}{2}N}$ ; donc d'après le 3me théorème général on pourra prendre autant de chiffres qu'il y en a dans $\frac{1}{2}$N, ou un de moins : cette règle ne conduit jamais à deux chiffres de moins que dans N.

[1] On substitue dans le dénominateur la valeur approchée à la valeur exacte, ce qui est permis quand on néglige les puissances des erreurs.

# RACINES

L'erreur absolue dans la racine $n^{\text{ième}}$ d'un nombre vaut l'erreur de ce nombre, divisée par $n$ fois la racine $n^{\text{ième}}$ de sa puissance $n-1^{\text{ième}}$.

En effet

$$\sqrt[n]{A} = (a + \alpha)^{\frac{1}{n}} = a^{\frac{1}{n}} + \frac{1}{n} a^{\frac{1}{n}-1} \alpha + \ldots\ldots =$$

$$= \sqrt[n]{a} + \frac{\alpha}{n \sqrt[n]{a^{n-1}}} + \ldots\ldots$$

d'où l'erreur

$$E = \sqrt[n]{A} - \sqrt[n]{a} = \frac{\alpha}{n \sqrt[n]{a^{n-1}}}$$

Dans le cas particulier où $n = 2$, l'erreur de la racine carrée vaut celle du nombre divisée par deux fois la racine. On remarquera l'analogie de ces règles avec celles de la différenciation.

Inversément, si l'on cherche jusqu'où il faut prendre le nombre 7815,637.... pour avoir sa racine à 0,01 près, on posera $\frac{\alpha}{2\sqrt{7815,637}} < 0,01$ d'où $\alpha < 0,02 \times 80$ soit $\alpha < 1,6$; il suffit donc de prendre 7815 dont la racine carrée sera 88,40 et comme l'erreur est ici moindre que $\frac{1}{176,8}$, elle est en effet inférieure à 0,01.

L'erreur relative d'une racine $n^{\text{ième}}$ sera sensiblement égale à celle du nombre divisée par $n$ : en effet $\frac{\alpha}{n\sqrt[n]{a^{n-1}}} : \sqrt[n]{a}$ donne $\frac{1}{n}\left(\frac{\alpha}{a}\right)$. Pour une racine carrée, l'erreur relative serait moitié de celle du nombre. Toutefois, d'après ce qui a été vu pour les puissances, il faut qu'un nombre soit approché par défaut pour que l'erreur relative dans sa $n^{\text{ième}}$ puissance soit moindre que $n$ fois celle du nombre; l'erreur relative de la racine $n^{\text{ième}}$ serait donc dans ce cas plus grande que $^1/_n$ de celle du nombre, et par conséquent il faut qu'un nombre soit approché par *excès* pour qu'on puisse affirmer que l'erreur relative de la racine $n^{\text{ième}}$ est moindre que $^1/_n$ de celle du nombre.

*Détermination du nombre des chiffres exacts*

*d'une racine.* Occupons-nous d'abord des racines carrées [1]. Soit H ce que devient le nombre donné $a$ quand on transporte la virgule après la première tranche, et $h$ ce qu'il devient quand on la transporte après le premier chiffre significatif : ainsi $H = h$ si la première tranche a un chiffre, et $H = 10\,h$ si elle en a deux. $\sqrt{H}$ sera la valeur de la racine, avec la virgule après son premier signe significatif. Pour qu'on puisse avoir $m$ chiffres exacts à la racine, il faut que $\frac{1}{2}\;\frac{\alpha}{a} < \frac{1}{\sqrt{H}.10^{m-1}}$ d'après le 3^me^ théorème général, car $\sqrt{H}.10^{m-1}$ représente la racine avec la virgule placée après $m$ chiffres. Soit donc $q$ le nombre de chiffres exacts qu'il faut avoir dans $a$ pour en obtenir $m$ à la racine; $\frac{\alpha}{a}$ sera moindre que $\frac{1}{h\;10^{q-1}}$; par suite il suffira d'avoir $\frac{1}{2}\cdot\frac{1}{h\;10^{q-1}} < \frac{1}{\sqrt{H}.10^{m-1}}$ ou $10^{m-q} < \frac{2h}{\sqrt{H}}$. Comme $h$ et $\sqrt{H}$ sont tous deux

[1] Tiré des *Éléments de calcul approximatif* de Ch. Ruchonnet, ainsi que la méthode abrégée ci-après.

entre 1 et 10, la plus petite valeur de $\frac{2h}{\sqrt{H}}$ sera $\frac{2}{10}$; il suffit donc que $10^{m-q} < \frac{1}{5}$, ce qui aura toujours lieu en prenant $q = m + 1$.

Mais on pourra prendre $q = m$ si $1 < \frac{2h}{\sqrt{H}}$, ou $H < 4h^2$, ce qui a toujours lieu quand la première tranche du nombre n'a qu'un chiffre, et lorsqu'elle est égale ou supérieure à 25.

En résumé, *si la première tranche du nombre est entre 9 et 25, il faut m + 1 chiffres au nombre pour en avoir m à la racine; autrement il suffit de m chiffres.*

La règle que nous venons d'exposer suppose que l'erreur relative d'une racine carrée est inférieure à la moitié de celle du nombre : cela n'est rigoureusement vrai, comme on l'a vu, que quand le nombre est approché par excès : c'est pourquoi la règle ci-dessus peut sembler quelquefois en défaut. Ainsi le carré de 54,01 étant 2917,0801, si l'on prend le nombre 2910 qui a 3 chiffres exacts pour en extraire la racine carrée, on obtient 53,9.... qui n'a qu'un chiffre exact; mais en prenant 2920, ou plutôt 2918, qui est évalué par excès avec 3 chiffres exacts, on trouvera 54,0... avec 3 chiffres exacts.

Pour les racines d'ordre supérieur au deuxième, la relation entre le nombre des chiffres exacts du nombre et celui de la racine serait difficile à établir, mais on peut démontrer qu'en tout cas $m+1$ chiffres du nombre suffisent pour en avoir $m$ à la racine. En effet au lieu de l'inégalité $10^{m-q} < \frac{2h}{\sqrt{\text{H}}}$ on trouverait en général $10^{m-q} < \frac{nh}{\sqrt[n]{\text{H}}}$ et comme la plus petite valeur de $\frac{h}{\sqrt[n]{\text{H}}}$ est toujours $\frac{1}{10}$, il suffit que $10^{m-q} < \frac{n}{10}$ ce qui a toujours lieu quand $q = m+1$.

*Méthode abrégée des racines carrées.* Si on possède déjà une valeur approchée $r$ de la racine N, et que $r+x$ soit la valeur exacte, on aura $\text{N} - r^2 = 2rx + x^2$; donc le quotient $q$ du reste $\text{N} - r^2$ par $2r$ donne $x + \frac{x^2}{2r}$ et fournit par conséquent, ajouté à $r$, une valeur par excès de la racine, plus approchée que la première valeur $r$, puisque $x < r$, d'où $x < 2r$ et $\frac{x^2}{2r} < x$. Il reste à trouver combien de chiffres exacts donne cette division.

Supposons la virgule placée de manière que la racine aît un chiffre dans sa partie entière si $r$ comprend de plus $n$ décimales, nous aurons $x < \frac{1}{10^n}$; la nouvelle erreur est donc moindre que $\frac{1}{2r}\left(\frac{1}{10^n}\right)^2$; elle est donc inférieure à $\frac{1}{10^{2n}}$ et même à $\frac{1}{10^{2n+1}}$ si $r \geqq 5$. Ainsi quand $r < 5$ on peut obtenir $n$ chiffres au moyen des $n+1$ premiers, puisqu'il y aura en tout $2n+1$ chiffres, et quand $r \geqq 5$ on peut en obtenir $n+1$. Comme $r+q$ est approché par excès il conviendra d'évaluer $q$ par défaut, et l'erreur définitive sera de sens inconnu. Ainsi pour $\sqrt{41}$ la méthode ordinaire ayant donné 6,403.... on trouvera par la division 6,4031242....

### Exemple complexe.

Soit à calculer $\sqrt[3]{\dfrac{4\pi^2 - \sqrt[4]{2,00} + 158,3}{13\,\pi - \sqrt{60}}}$

avec deux décimales, soit à 0,01 près.

Il est facile de voir que le résultat aura un chiffre entier; on le demande donc avec 3 chiffres exacts, et pour cela il faut avoir la quantité sous le radical avec 4 chiffres; donc on doit évaluer le numérateur et le dénominateur avec 5 chiffres, sans quoi les théorèmes généraux sur l'erreur relative ne permettraient pas d'affirmer qu'on aura 4 chiffres exacts au quotient.

Au numérateur, le terme prépondérant 158,3 ayant des mille, il faut calculer les autres jusqu'aux centièmes, mais à cause du sens inconnu que peut avoir l'erreur résultante, il convient d'aller jusqu'aux millièmes. La multiplication abrégée donne $\pi^2 = 9,8696$ d'où $4\pi^2 = 39,4784$ à 0,0004 près; donc $4\pi^2 = 39,478$ (par défaut). Puis $\sqrt[2]{200} = 3,760$ (par défaut). Donc le numérateur vaudra 194,018 (sens inconnu) ou 194,01 (par défaut).

Au dénominateur $13\,\pi = 40,840$ (par défaut)

et $\sqrt{60} = 7,746$ (par excès), donc le dénominateur vaut 33,094 (à 0,002 près par défaut).

Le quotient donné par la division ordinaire de 194,01 par 33,094 est, avec quatre chiffres exacts 5,862.

La racine cubique de 5,862 est 1,80.

### Approximations successives.

Ce procédé consiste à négliger les puissances de l'erreur, mais il ne fait pas connaître le degré d'approximation. Ainsi pour évaluer $\sqrt{5}$, on poserait $\sqrt{5} = 2 + x$, d'où $1 = 4x + x^2$, et négligeant $x^2$, $x < \frac{1}{4}$ d'où $\sqrt{5} = \frac{9}{4}$ par excès.

Puis $\sqrt{5} = \frac{9}{4} - y$ d'où $5 = \frac{81}{16} - \frac{9y}{2} + y^2$, et négligeant $y^2$, $y > \frac{1}{72}$; d'où $\sqrt{5} = \frac{9}{4} - \frac{1}{72}$ $= \frac{161}{72}$ par excès.

On pose ensuite $\sqrt{5} = \frac{161}{72} - z$ et ainsi de suite.

# COURS

SUR LE

# CALCUL APPROXIMATIF

DONNÉ DANS

## L'UNIVERSITÉ DE GENÈVE

(1877—1878)

PAR

CH. GALOPIN-SCHAUB
Dr ès sciences.

---

## PROGRAMME

PREMIÈRE PARTIE. *Théorie des approximations numériques.* Théorèmes généraux sur les erreurs. Erreurs absolues et relatives dans l'addition, la soustraction, la multiplication, la division, les puissances, les racines. Sens des erreurs. Méthodes abrégées. Exemples où l'on trouve les diverses opérations réunies. Approximations successives.

DEUXIÈME PARTIE. *Méthodes diverses pour l'évaluation approximative des quantités.* Fractions continues. Séries. Logarithmes et lignes trigonométriques. Valeur de $\pi$. Produits d'un nombre infini de facteurs. Calcul des différences finies.

Troisième partie. *Calcul littéral.* Principes généraux. Cas particuliers des équations. Annuités. Racines algébriques. Erreurs compensées. Méthode des moindres carrés. Applications à la géométrie, à la physique, à la mécanique élémentaire.

Quatrième partie. *Résolution des équations numériques et transcendantes.* Calcul approché des racines incommensurables par les diverses méthodes.

Cinquième partie. *Applications à l'analyse infinitésimale et à la mécanique rationnelle.*

# TABLE

Printed in Dunstable, United Kingdom

91220881R00037